AF313190

NOTICE

SUR

Les Travaux du Congrès central d'Agriculture

Dans sa Session de 1846.

Imprimerie de B U R E A U, rue Coquillière, 22.

NOTICE

SUR LES TRAVAUX

DU

CONGRÈS CENTRAL D'AGRICULTURE,

Dans sa Session de 1846,

ADRESSÉE

Au Comice de l'Arrondissement de Melle,

PAR M. ADOLPHE **VUITRY**,

L'un de ses Délégués.

A

PARIS,

IMPRIMERIE DE BUREAU, RUE COQUILLIÈRE, 22.

1848.

NOTICE

SUR

Les Travaux du Congrès central d'Agriculture

Dans sa Session de 1846,

ADRESSÉE

AU COMICE DE L'ARRONDISSEMENT DE MELLE,

Par M. Adolphe VUITRY.

L'un de ses Délégués.

—◦—

Le comice agricole de l'arrondissement de Melle, dans sa séance générale du 27 avril, m'a fait l'honneur de me choisir pour un de ses délégués au Congrès central d'agriculture qui s'est ouvert à Paris le 18 mai. Ce témoignage honorable de confiance m'a imposé le devoir d'assister avec exactitude à toutes les séances du Congrès, de suivre attentivement ses discussions, de prendre part à ses travaux. Je crois accomplir encore la mission qui m'avait été donnée en faisant connaître aujourd'hui à MM. les membres

du comice les questions qui ont été traitées, les so-
lutions qu'elles ont reçues.

Tel est le but de cette notice.

Les vœux émis par le Congrès ont des caractères
différents : les uns s'adressent au gouvernement ;
ils exposent les besoins de l'agriculture, les mesures
législatives ou administratives qu'elle réclame ; les
autres s'adressent aux comices eux-mêmes ; ils ont
pour objet la diffusion d'idées utiles, la propagation
de quelques pratiques consacrées par l'expérience.
Il est bon que les uns et les autres soient soumis au
contrôle de la publicité.

Il est surtout utile que l'attention des comices
soit appelée sur les questions que la courte durée
de la session du Congrès n'a pas permis de discuter,
et qui, après avoir été l'objet de rapports et de propositions, ont été ajournées à l'année suivante.

« Il serait à désirer, » nous disait M. le duc
Decazes, président du Congrès, en prononçant la
clôture de nos réunions, « que les sociétés d'agri-
« culture et les comices vers lesquels vous allez re-
« porter le résultat de nos délibérations pussent
« adresser à la commission d'organisation que vous
« venez d'élire des matériaux pour notre prochain
« programme. Il faudrait également que chacun de
« nous arrivât ici avec des faits, avec des expé-
« riences constatées : que le Congrès central sût
« quels services ont pu rendre les comices. quels

« efforts ils ont fait pour améliorer le sort des classes
« laborieuses, si dignes de notre intérêt et de nos
« sympathies. Si en entrant dans cette enceinte cha-
« cun pouvait dire : Voilà ce que nous avons fait,
« voilà ce que nous avons obtenu, jugez quel inté-
« rêt s'attacherait à nos travaux. » C'est là en effet
ce qui peut donner au Congrès central une importance réelle en le constituant l'organe réfléchi de
tous les intérêts agricoles, et en lui permettant de
centraliser l'expérience de tous les hommes pratiques du pays.

Je veux concourir pour ma faible part à un but
si utile, et c'est dans cette pensée que je me suis
déterminé à cette publication, que j'offre au comice
de Melle comme une preuve de mon dévoûment et
du prix que j'attache à l'honneur de sa délégation.

Le Congrès central d'agriculture a une origine
récente. Il a été le résultat de ce mouvement général qui a porté, depuis quelques années, les hommes
les plus éminents à s'occuper de l'agriculture, et de
ce besoin qu'ont éprouvé les associations agricoles
de mettre en commun leurs lumières et leurs efforts.
Des départements contigus, ayant les mêmes intérêts, les mêmes besoins, se sont unis. Ceux-ci ont
formé le Congrès de l'ouest, ceux-là le Congrès du
centre, d'autres le Congrès du nord.... Les producteurs de vins se sont réunis à Angers et à Bordeaux,

les producteurs de laines à Compiègne et à Senlis.
C'est dans cette dernière ville, en 1843, que quelques amis de l'agriculture ont conçu l'idée d'un Congrès central. Toutes les sociétés d'agriculture, tous les comices furent invités à sortir de l'isolement et à se choisir des mandataires qui viendraient s'entendre à Paris sur leurs intérêts communs ; cent quarante-quatre sociétés agricoles s'empressèrent de donner leur adhésion, et, le 26 février 1844, le Congrès d'agriculture ouvrait sa première session sous la présidence de M. le duc Decazes. Les délégués étaient au nombre de cent trente.

Au mois de mai 1845 eut lieu la seconde session du Congrès ; le nombre des délégués s'était accru, il était de plus de deux cents. L'assemblée sentit le besoin de se constituer d'une manière définitive ; le règlement qu'elle s'est donnée a prouvé qu'il ne s'agissait pas d'une réunion fortuite et passagère, mais d'une institution régulière et sérieuse.

Aux termes de ce règlement, les délégués des sociétés agricoles légalement autorisées, les membres de la Chambre des Pairs, de la Chambre des Députés, du Conseil général d'Agriculture, peuvent seuls être membres du Congrès. Un bureau, composé d'un président, six vice-présidents et quatre secrétaires, dirige les discussions. Le Congrès n'émet que des vœux : il tient huit séances.

Avant de se séparer, il nomme une commission
d'organisation de vingt-cinq membres qui publie les
travaux de la session, règle l'emploi des fonds,
prépare la session suivante. en fixe l'époque et en
arrête le programme.

C'est par les soins de ce bureau d'organisation
qu'a été préparée la session du Congrès pour 1846.
Sur sa demande, M. le ministre de l'instruction
publique s'est empressé de mettre à sa disposition
la grande salle de la Sorbonne. Cet antique bâti-
ment, restauré par le cardinal de Richelieu et con-
sacré par la monarchie absolue à l'enseignement
des sciences et des lettres, a réuni pendant huit
jours près de quatre cents propriétaires, fermiers,
cultivateurs, spontanément et librement associés
pour conférer sur les intérêts et les besoins de l'a-
griculture. Ce local, si souvent illustré par le ta-
lent de savants professeurs, est ainsi devenu le
témoin de discussions peut-être moins éloquentes,
mais non moins utiles. C'est le caractère du dix-
neuvième siècle de ne point renoncer à la gloire lit-
téraire des siècles passés, mais d'y ajouter les bienfaits de la science appliquée, et les développements
que l'industie, le commerce, l'agriculture, la plus
noble des industries et la source la plus productive de tout commerce. ne cessent de donner à la
richesse nationale.

Le programme des travaux du Congrès avait été

arrêté par la commission d'organisation dans les termes suivants :

1° ENGRAIS ET AMENDEMENTS. Moyens d'en développer la production et l'emploi.

2° INSTRUCTION DES CLASSES AGRICOLES. Etablissements charitables et humanitaires dans leurs rapports avec l'agriculture.

3° MÉTAYAGE ; — FERMAGE ; — EXPLOITATION ; — PROPRIÉTAIRE. Leurs avantages et leurs inconvénients ; améliorations dont ces modes de culture sont susceptibles.

4° DIRECTION ET ENCOURAGEMENTS A LA PRODUCTION ET A L'AMÉLIORATION DES DIFFÉRENTES ESPÈCES DE BESTIAUX. Espèce chevaline ; — espèce bovine ; — Espèce ovine.

5° VIABILITÉ RURALE. Moyens d'assurer la réparation et le meilleur entretien des chemins vicinaux et des chemins ruraux.

6° COMMERCE AGRICOLE. Améliorations à introduire dans la tenue des foires et marchés dans l'intérêt des producteurs ; — droits ; — ventes au poids ; — mercuriales ; — taxes.

7° RÉGIME ET POLICE DES EAUX.

8° BOIS. Moyens d'améliorer la production et l'exploitation forestière ; — défrichements.

9° CHEMINS DE FER. Examen des tarifs en ce qui concerne les produits agricoles et les matières utiles à l'agriculture.

10° ASSOCIATIONS AGRICOLES. Rapports à établir entre elles dans chaque département.

Le temps a manqué au Congrès pour épuiser ce programme ; ses huit séances, bien que commençant à neuf heures du matin et ne se terminant qu'à six heures du soir, n'ont pu suffire ; il a été obligé de laisser la discussion sur les bestiaux inachevée, et de renvoyer l'examen de plusieurs propositions importantes à la session de 1847.

Je vais exposer sommairement les questions qui ont été discutées et résolues. Je ne chercherai pas à les classer dans un ordre logique que leur diversité rend impossible ; je suivrai simplement et sans transition l'ordre du programme.

Engrais et amendements.

La fertilité du sol est la première condition de toute culture productive : les engrais et les amendements sont nécessaires pour entretenir cette fertilité quand elle est naturelle ; leur abondance et leur judicieux emploi peuvent seuls la développer quand elle n'existe pas à un degré suffisant. C'est par ces moyens combinés que les prairies artificielles peuvent prospérer dans les terrains qui paraissaient rebelles à leur culture. Les prairies artificielles à leur tour permettent l'augmentation du bétail, et le cultivateur, en se réservant de plus beaux bénéfices, peut produire la viande à meilleur marché.

C'est ainsi que, par une action et une réaction constante entre l'accroissement des récoltes fourragères, l'augmentation du nombre des bestiaux et la masse des engrais, la fertilité du sol suit une progression continue.

L'engrais est donc aussi indispensable à l'agriculture que la nourriture l'est à l'homme; il est pour l'industrie rurale ce que sont les matières premières pour les autres industries. Le Congrès ne pouvait pas manquer de signaler comme un des besoins les plus urgents l'emploi intelligent de toutes les matières fertilisantes dont l'agriculture peut disposer aujourd'hui.

Des améliorations notables pourraient être apportées au traitement et à l'application des engrais naturels, tels que les fumiers d'étables. Presque partout les fosses à fumier sont disposées de manière à laisser les eaux pluviales y arriver en abondance, se charger des parties les plus fertilisantes et s'écouler ensuite dans les fossés des routes, ou même dans les rues des villages qu'elles rendent quelquefois impraticables, et où elles deviennent toujours des foyers de miasmes délétères. On néglige trop souvent dans nos campagnes d'utiliser les eaux de fumier et les urines des étables qui, sous les noms de *purin*, *lizier*, *engrais liquide*, sont employées avec tant de succès dans certaines parties de la France à l'arrosage des prairies, des fourrages artificiels et même des céréales.

Rien n'est plus facile cependant que de retenir les urines des étables et d'empêcher leur déperdition. Pour éviter la construction souvent dispendieuse de dallages et de fosses spéciales, quelques agronomes, parmi lesquels il convient de mettre en première ligne le général Dumoncel, ont essayé de faire absorber les urines des étables par de la marne, du sable ou de la terre sèche placée comme litière, ou sous la litière des animaux, et qu'on répand ensuite sur les champs à mettre en culture. Un habile chimiste, M. Payen, a constaté, dans des expériences faites avec M. le comte de Gasparin, que, poids pour poids, l'analyse révélait une aussi grande richesse dans la terre ainsi imprégnée d'urine que, si à la place de la terre, on avait mis de la paille. On peut donc par ce moyen empêcher à peu de frais la perte d'engrais liquides précieux et économiser une partie des pailles pour la nourriture des bestiaux.

Sur ces différents points le Congrès a émis les vœux suivants :

1° Que le gouvernement soit prié d'agir sur les autorités locales pour qu'elles prennent les mesures les plus efficaces, afin d'empêcher à l'avenir la perte des eaux de fumier et autres matières fertilisantes dans les rues des village et sur la voie publique ;

2° Que les sociétés d'agriculture et les comices soient priés de mettre la construction de fosses à fumier au nombre des sujets de concours les plus importants; de provoquer des expériences comparatives à ce sujet ; d'en faire connaître le résultat, et, une fois la question résolue, de répandre dans les campagnes des instructions détaillées sur cet objet ;

3° Que partout où les agriculteurs ne peuvent recueillir les urines dans des réservoirs, ils les fassent absorber par des marnes, terres sèches, calcaires ou sableuses employées comme litière ou sous la litière des animaux.

Mais les fumiers ne sont pas les seuls engrais qui puissent être utilement employés à fertiliser les terres. L'importance des engrais commerciaux ne saurait être méconnue ; ils sont surtout utiles pour compléter les fumures trop faibles et pour commencer l'amélioration d'un domaine dont le sol appauvri ne peut encore produire des prairies artificielles et nourrir des bestiaux qui puissent donner des fumiers. Malheureusement le commerce des engrais est l'objet de fraudes nombreuses contre lesquelles il doit être garanti : indépendamment des pertes qu'elles occasionnent, elles ont le grave inconvénient de décourager les cultivateurs qui en sont devenus les victimes.

Le Congrès a donc demandé :

Que les fabricants et marchands d'engrais soient tenus

*d'indiquer dans leurs magasins, par des inscriptions ap-
parentes ainsi que sur leurs prospectus et factures, la nature véritable ou la composition de leurs produits;*

*Que les préfets soient appelés à prendre des arrêtés sévères
pour prévenir la falsification des engrais; que le gouvernement soit prié de favoriser, par tous les moyens possibles,
l'importation des matières à engrais, et que les sociétés d'a-
griculture soient priées de provoquer dans leurs circonscrip-
tions respectives des expériences sur l'emploi comme engrais
de divers résidus que les fabriques pourraient livrer en
grande quantité.*

Après s'être occupé des engrais, le Congrès devait porter son attention sur les amendements,
tels que la marne, la chaux, les cendres, le plâ-
tre..., etc.... Quelquefois on en a fait abus, et en
les appliquant mal-à-propos on est arrivé à épuiser
le sol, qu'ils n'ont pas pour objet de fertiliser, mais
d'*amender*. Ils ne remplacent pas l'engrais, ils ont
une autre action, ils servent à modifier la nature
même du sol et à faciliter l'action de la végétation.
Dans un grand nombre de localités ils peuvent
seuls permettre l'adoption d'une meilleure culture
en appropriant un terrain ingrat aux récoltes les
plus précieuses pour la nourriture des bestiaux.

D'autres substances minérales pourraient également servir à l'agriculture, et ne sont pas em-

ployées faute d'être suffisamment connues. Les *lignites* qui existent sur un grand nombre de points de la France ne sont encore employés que dans le nord. Une masse énorme de résidus minéraux de fabriques dont l'expérience a démontré l'utilité restent sans emploi. Enfin, il s'en faut que toutes nos côtes utilisent les sables et limons qu'offre le rivage de la mer.

Les goémons et les varechs qui de temps immémorial sont employés comme engrais, et sans lesquels l'agriculture de nos côtes serait arrêtée dans ses progrès, sont trop souvent détournés de cette utile application pour la fabrication de produits qu'il est facile de se procurer par d'autres moyens.

Il est donc à désirer, comme le Congrès en a émis le vœu :

Que le gouvernement, les conseils généraux et les sociétés d'agriculture encouragent par tous les moyens qui sont à leur disposition la connaissance de tous les gites minéraux (marne, pierre à chaux, gypse, lignites, pyrites, tourbe, etc...) reconnus propres à l'amendement des terres, et la découverte des carrières de substances analogues partout où elles sont encore inconnues;

Que le gouvernement prenne les mesures nécessaires pour assurer à l'agriculture l'emploi des varechs sans compromettre la fabrication de l'iode;

Que les Sociétés d'agriculture et les comices instituent des prix pour l'introduction avantageuse d'amendements partout où ils ne sont pas usités, et que les meilleures mesures soient prises pour la propagation des règles pratiques qui président à leur bon emploi.

Sur les engrais et les amendements, le Congrès a complété ses vœux en demandant l'établissement d'un laboratoire central de chimie appliquée, annexé à un vaste établissement agricole; des hommes spéciaux s'y livreraient à des travaux continuels et résoudraient toutes les questions qui seraient adressées par les Sociétés d'agriculture et les Comices. L'analyse chimique des terrains, des engrais et des amendements nouveaux, constitue l'un des problèmes agricoles les plus importants et les plus difficiles. Ces expériences, souvent coûteuses, ne peuvent être faites que par les soins du gouvernement; l'utilité pour l'agriculture d'un semblable moyen d'investigation est trop évidente pour que ce vœu ne soit pas réalisé.

Institution agricole, Établissements charitables et humanitaires.

L'agriculture ne forme pas encore un corps de science, et l'on ne peut songer à régler son enseignement d'une manière définitive et complète; cependant beaucoup de faits sont déjà connus, et un certain nombre de principes ont été consacrés par l'expérience. L'instruction agricole est fondée sur plusieurs points ; de tous côtés on réclame son développement plus complet. C'est surtout au gouvernement qu'il appartient de poursuivre cette œuvre et de la diriger dans un esprit d'ensemble et dans des vues d'unité qui peuvent seuls garantir le succès. Il importe d'autant plus d'éviter les fautes, qu'ici plus qu'ailleurs elles seraient funestes et qu'il faudrait bien du temps et bien des efforts pénibles pour effacer la trace de tristes déceptions, et pour faire sortir les hommes pratiques du découragement fâcheux dans lequel des imprudences ou des erreurs ne manqueraient pas de les jeter.

L'enseignement agricole, comme tout autre enseignement, doit satisfaire à différents besoins ; son but principal est de former des praticiens éclairés dont les exemples puissent montrer tout le parti qu'on peut tirer d'une agriculture perfectionnée. Ce qui nous manque surtout aujourd'hui, ce sont des ouvriers habiles, des surveillants intelligents initiés aux méthodes nouvelles. L'industrie manufacturière a ses contre-maîtres ; l'industrie agricole en manque : il faut lui en donner. Des FERMES-ÉCOLES doivent remplir cette mission, et pour que le but soit atteint il faut que chaque département soit doté d'un de ces utiles établissements consacrés presque exclusivement à l'enseignement pratique.

Les INSTITUTS AGRICOLES, tels que Grand-Jouan, La Saulsaye, Grignon, ont une destination différente. Ils donnent une instruction théorique complète, ils ont pour double mission de former des agronomes initiés cependant à toutes les pratiques de la culture, et de recruter les rangs du professorat.

L'organisation de l'enseignement ne serait pas complète si on ne fondait en outre une FERME EXPÉRIMENTALE affectée aux recherches scientifiques, où des hommes spéciaux étudieront le mode d'action des divers agents chimiques et des engrais sur la végétation, les lois des assolements, les rapports entre la valeur nutritive des aliments, leurs effets sur l'économie animale ; où toutes les questions enfin seront traitées sous le point de vue purement scientifique.

Ces différents établissements offriront l'enseignement agricole à tous ses degrés à ceux qui voudront en faire l'objet spécial de leurs études ; mais il est à désirer que les jeunes gens qui se destinent à d'autres carrières puissent aussi prendre quelques notions des intérêts et des besoins de la terre. Presque tous deviendront un jour propriétaires ; il est important qu'ils connaissent les avantages que la propriété trouve dans une bonne culture. Dans ce but, il serait bon de développer davantage dans nos colléges l'application des sciences à l'agriculture, et de fonder dans nos Facultés des chaires d'économie agricole. L'économie politique, cette science nouvelle, a été trop exclusivement envisagée jusqu'ici sous le point de vue commercial : il est temps que ses principes s'appliquent à la culture du sol, et qu'en faisant connaître les effets des perfectionnements agricoles sur la richesse nationale, on développe chez les hommes éclairés le désir de lui apporter le concours de leur intelligence et de leurs capitaux.

L'enseignement primaire ne doit pas non plus rester étranger aux intérêts de l'agriculture. Il serait facile de donner aux *élèves-maîtres*, dans les écoles normales primaires, des notions d'agriculture et d'horticulture, que, devenus instituteurs, ils répandraient dans les campagnes, et auxquelles ils initieraient les enfants confiés à leurs soins. N'est-il pas évident qu'il y aurait tout à gagner, si l'instituteur dans nos communes rurales pouvait au besoin donner quelques conseils aux cultivateurs, propager des idées utiles, réformer les préjugés et les erreurs qui ne sont encore que trop répandus.

Toutes ces pensées ont été formulées par le Congrès dans des vœux qui résument les idées que je viens de développer.

Mais l'enseignement agricole ne satisfait pas à toutes les nécessités sociales. L'humanité a d'autres besoins qui viennent imposer au gouvernement et au pays des devoirs plus élevés. Là encore se trouvent engagés les plus sérieux intérêts de l'agriculture, et c'est sous ce rapport que le Congrès a dû s'occuper des établissements charitables et humanitaires.

Parmi les causes qui arrêtent aujourd'hui les progrès de l'agriculture, et qui diminuent son bien-être, on peut assurément mettre au premier rang : la mendicité, qui énerve et dégrade ceux qui la pratiquent, en même temps qu'elle met à la charge de la petite propriété et du travail la fainéantise et l'oisiveté ; la disette des travailleurs, dans plusieurs contrées où la culture manque de bras, pendant que les grands centres de population sont encombrés par un nombre d'ouvriers souvent bien supérieur aux besoins de la fabrication industrielle. C'est donc servir l'agriculture que de supprimer la mendicité et de diriger vers les travaux des champs cette foule d'enfants sur lesquels la société exerce des droits particuliers de tutelle, de patronage et de surveillance.

De généreux citoyens, sous la seule inspiration de la plus noble philantropie, ont déjà donné l'exemple. MM. de Metz et de la Bretignière, à Mettrai (près de Tours), ont fondé une colonie agricole pour les jeunes détenus, et le succès a dépassé leurs espérances. Dans les environs de Paris, le magnifique château de Petit-Bourg et son parc

immense se sont transformés en un établissement
semblable pour les enfants pauvres, par les soins
d'une association charitable que préside M. le comte
Portalis. Des essais semblables ont été tentés
ailleurs. Que le gouvernement s'empare de cette
idée ; qu'il la féconde et l'étende avec toute la puissance de sa forte centralisation ; que les jeunes détenus, au lieu de faire dans les prisons l'apprentis-
sage des vices et du crime, au lieu de rester astreints
à des travaux sédentaires qui les énervent et les
démoralisent, soient appliqués au travail libre au
milieu des champs ! Déjà l'administration est entrée
dans cette voie et a obtenu les plus heureux résultats : qu'elle continue ! les plus vives et les plus
généreuses sympathies lui sont assurées.

Les enfants-trouvés et les orphelins pauvres sont
les pupilles de l'Etat : la loi les confie à la charité
publique. Mais aujourd'hui, la plupart mal sur-
veillés, privés d'instruction et de moralité, sont
exposés à devenir mendiants ou vagabonds : qu'ils
soient tous, comme les jeunes détenus, mis à la
disposition de l'agriculture ; qu'ils soient préparés
de bonne heure au travail pénible des campagnes,
en même temps qu'une éducation religieuse et morale développera les bons sentiments dont le germe
est dans tous les cœurs ! 27,000 adultes, garçons et
filles, élevés dans des colonies agricoles, pourront

ainsi recruter chaque année l'armée pacifique des travailleurs.

Les enfants pauvres sont dignes aussi de notre sollicitude. L'Etat n'a contracté à leur égard aucune obligation légale ; mais la société a des devoirs à remplir envers tous ceux qui souffrent. C'est à des associations charitables qu'il appartient de faire pour eux ce que l'Etat doit aux enfants sans famille. Que par les soins de la charité privée des colonies agricoles leur soient ouvertes ; que ces pieuses entreprises reçoivent de larges encouragements d'un gouvernement libéral et éclairé !

Lorsque tous ces enfants sortiront des colonies agricoles pour se mêler à la vie active, ils auront encore besoin de protection. Que des sociétés de patronage les dirigent, les soutiennent, les affermissent dans la voie du bien ; qu'elles les défendent contre les dangers auxquels leur inexpérience et la faiblesse de leur âge vont les exposer !

La suppression de la mendicité est digne aussi de tous nos efforts. Lorsque l'agriculture a besoin de tant de bras, lorsque partout de vastes ateliers de travaux publics, chemins de fer, canaux, routes, chemins vicinaux offrent des salaires élevés aux hommes laborieux, il faut que des moyens d'existence par le travail soient fournis à tous les mendiants valides. Les mendiants invalides seuls ont droit à des secours qui leur seront donnés par les bureaux de bienfaisance ou par des sociétés de charité. Que partout on arrive ainsi à la suppression de la mendicité au moyen de mesures législatives ou réglementaires dont l'application serait obligatoire dans tous les départements !

Faisons plus : Prévenons le mal pour ne pas avoir à le guérir plus tard. Empéchons, s'il est possible, la misère en faisant pénétrer partout les habitudes d'économie, et pour les rendre plus faciles, que le bienfait des caisses d'épargne soit étendu aux campagnes !

Tels ont été les vœux du Congrès.

Personne ne s'étonnera qu'il ait tenu à honneur de les exprimer. Dans un temps où quelques esprits chagrins ou coupables rêvent un autre ordre social et cherchent à exciter des sentiments de discorde et de haine au sein même de la société, il était digne d'une assemblée de propriétaires et de cultivateurs de montrer que toujours rapprochés des travailleurs ils en connaissent les besoins, et que le soin de leurs intérets les plus sérieux ne les empèche pas de chercher activement les moyens de soulager la misère et de moraliser l'enfance. Souvent divisés par la liberté de nos opinions politiques, restons unis par les liens d'une charité fraternelle et n'hésitons jamais à associer nos efforts pour accomplir la plus noble mission imposée à l'homme sur cette terre par la religion et la morale.

Métayage.
Fermage. — Exploitation - Propriétaire.

Le métayage, ou colonage partiaire, consiste dans le partage des récoltes entre le propriétaire et le métayer.

Si la récolte est abondante, tous deux en profitent ; si elle est mauvaise, tous deux y perdent. C'est une espèce d'association entre celui qui possède le sol et celui qui peut le cultiver : sous ce rapport le métayage a d'incontestables avantages.

Cependant il est ordinairement peu favorable au perfectionnement de la culture. Le métayer a rarement des capitaux : d'ailleurs si quelques dépenses sont utiles à l'amélioration de la terre, il hésite à les faire, calculant que l'augmentation de récolte qu'il aura produite profitera pour partie au propriétaire : cette considération le rend même quelquefois moins empressé à donner activement et laborieusement tout son travail. Le propriétaire, de son côté, ne fait que trop souvent un calcul semblable et au lieu d'aider le métayer de ses capitaux, il aime mieux les employer à d'autres opérations dont il espère tirer seul tout le profit. Double erreur ! le métayage étant une véritable association ne peut produire tous ses effets utiles, que si les associés comprennent leurs intérêts, et si chacun d'eux consent à mettre en société la plus grande part contributive; celui-ci, non seulement en donnant la terre, mais en avançant les capitaux dont une culture perfectionnée a besoin, celui-là en n'épargnant pas son travail et en multipliant ses laborieux efforts.

C'est cette vérité que le Congrès a voulu exprimer en émettant l'opinion :

Que le métayage n'est profitable qu'autant que le propriétaire concourt de son intelligence, de sa volonté et de ses capitaux à l'exploitation de la métairie.

Le fermier est un véritable entrepreneur d'industrie agricole : il calcule le revenu net qu'on peut obtenir du domaine qui lui est proposé; il en destine une partie au loyer de la terre; c'est le fermage qu'il s'engage à payer. L'autre partie lui reste et représente l'intérêt de ses capitaux, le prix de son travail, les bénéfices qui sont dûs à son intelligence e à son industrie. Il fait avec le propriétaire un contrat aléatoire : que la récolte soit bonne ou mauvaise, sa redevance est la même.

Il cherchera donc à rendre la récolte plus abondante, puisque seul il profitera de cet accroissement de produits; il est de son intérêt d'employer tout son temps, tout son travail, tous ses capitaux à l'amélioration de sa ferme.

Un bon fermier doit avoir un mobilier considérable en bestiaux de toutes sortes, en instruments d'agriculture ; il fera des travaux importants et souvent coûteux pour l'introduction d'une culture nouvelle et perfectionnée. Si ses avances lui sont profitables, elles profitent aussi au propriétaire du sol, dont elles augmentent la valeur ; il serait juste qu'à la fin du bail celui-ci tînt compte au fermier des améliorations constatées.

Il est du moins nécessaire que des baux à long terme permettent au fermier de trouver, dans la durée de sa jouissance, une compensation aux dépenses qu'il a faites. Celui qui n'a devant lui que quelques années ne se décidera jamais à sacrifier une somme souvent considérable pour féconder un domaine qu'il doit abandonner au moment où l'accroissement des récoltes lui permettra de rentrer dans ses avances : il est naturellement excité à ne voir que le présent ; il épuise le sol sans songer à l'avenir. Le propriétaire lui-même y perd en reprenant, à la fin du bail, une terre appauvrie et mal cultivée. Les baux à long terme sont donc nécessaires au fermage pour qu'il produise tous ses avantages, et c'est à cette condition qu'il est plus favorable que le métayage aux développements et aux progrès de l'agriculture perfectionnée.

C'est ce qu'a voulu exprimer le Congrès en adoptant la résolution suivante :

*Le fermage est de beaucoup préférable au métayage, sur-
tout avec les baux à long terme, avec des fermiers intelligents et présentant des garanties (1).*

Le Congrès a ajouté :

*Enfin, l'exploitation—propriétaire est le mode le plus
profitable dans l'intérêt du propriétaire et dans celui de
l'agriculture en général.*

Alors, en effet, la terre reçoit toutes les améliorations désirables. Le propriétaire a un double intérêt à fertiliser le sol : il en augmente les produits
annuels, et il accroît la valeur du fonds. Souvent
il a des connaissances plus étendues et des capitaux plus considérables que le fermier ou le métayer : il peut faire faire à l'agriculture de plus
grands progrès en introduisant les méthodes nou-

(1) Le propriétaire est souvent préoccupé, dans la détermination
de la durée du bail, par la crainte de laisser trop longtemps ses
terres à un prix inférieur à celui qu'il pourrait en trouver après
quelques années. Des combinaisons inventées et essayées en Angleterre par lord Kames, dont elles ont conservé le nom, méritent
d'être signalées. Elles ont pour but de concilier tous les intérêts.
Elles consistent principalement en une stipulation qui élève progres-
sivement le prix du bail d'année en année ou de trois ans en trois
ans, sauf la faculté pour le propriétaire de se refuser à la continua-
tion du bail moyennant une indemnité réglée d'avance à payer au
fermier. Ces clauses, que l'application fait varier à l'infini, ont été
pratiquées et recommandées en France par M. Mathieu de Dom-
basle. (Voir le modèle du bail de Roville, *Annales agricoles de
Roville*, t. 1er, 1re livraison.)

velles et les instruments perfectionnés, en multipliant le nombre de ses bestiaux, en améliorant
leurs races.

Mais quelquefois il se dégoûte trop vite; il aban-
donne des travaux inachevés et qui n'ont pu rem-
bourser encore ce qu'ils ont coûté: quelquefois
aussi sa surveillance est moins active, ses frais plus
considérables. Trop peu de rapports existent entre
lui et les ouvriers qu'il doit employer. A ce point
de vue il serait sage, pour le propriétaire qui veut
exploiter son domaine. d'associer à son entreprise
les agents de ses travaux en leur accordant une certaine prime sur les profits de l'exploitation. Cette
association entre le maître et le travailleur, essayée
sur quelques points, a produit les résultats maté-
riels les plus avantageux : dans l'ordre moral, elle
se recommande aussi par les plus hautes considérations.

Quelque soient les difficultés que peut rencontrer
le propriétaire dans l'exploitation de ses terres, espérons cependant que l'agriculture ne cessera de
prendre plus de faveur parmi les grands propriétaires du sol; qu'ils tourneront de plus en plus vers
elle leur intelligence et leur activité; que par un
plus long séjour à la campagne, par l'application de
leurs capitaux à la culture. ils donneront de bons
exemples, qui sont toujours les meilleures leçons.
et qu'en expérimentant eux-mêmes les pratiques

nouvelles ils répandront autour d'eux le bien-être
et la prospérité.

Viabilité rurale.

Toutes les voies de communication servent l'agriculture, contribuent à faciliter ses progrès, à accroître sa prospérité; mais ce sont les chemins vicinaux qui lui sont plus particulièrement destinés :
on peut les appeler les *routes de l'agriculture*.

La loi du 21 mai 1836. la première qui se soit
occupée sérieusement et efficacement des chemins
vicinaux, a donc été un véritable bienfait. En dé-
terminant par des règles plus précises leur classement, en créant et en assurant des ressources pour
leur entretien, elle a mis entre les mains de l'administration tous les moyens de doter nos communes,
avec l'aide du temps, d'une bonne viabilité rurale.

Ce qui caractérise surtout la législation de 1836,
ce qui lui a fait produire de si heureux effets, c'est
l'organisation des prestations en nature. Les trois
journées de travail que la loi permet aux conseils
municipaux de voter représentent, pour toute la
France, la somme énorme de 40 millions par année.
Rien n'est plus juste d'ailleurs que cette obligation
imposée à chaque habitant d'une commune de contribuer par son travail à la réparation du chemin
dont il se sert journellement, et que par cela même
il contribue à détériorer. On a satisfait à toutes les

convenances comme à tous les besoins en admettant
et en facilitant la conversion en argent de la prestation en nature.

Cependant, dans ces derniers temps, ce système
d'impôts a été l'objet de quelques critiques et de
quelques réclamations. On a prétendu que la prestation en nature frappait plus le pauvre que le riche,
qu'elle était l'occasion d'abus, et qu'en général un
travail et un temps précieux étaient ainsi employés
suivant le mode le plus inefficace et le plus impro-
ductif. On a demandé ou sa conversion obligatoire
en argent ou sa suppression et son remplacement
par des centimes additionnels sur les quatre contri-
butions directes.

Mais n'est-ce pas au contraire pour ménager toutes
les situations et par égard pour le pauvre que la loi
a demandé à celui-ci son travail, et à celui-là, s'il
veut s'en dispenser, son argent? Dans nos campagnes, où le numéraire est rare, ce mode n'est-il pas
d'une application plus facile, plus équitable et plus
immédiate que tout autre mode d'impôt? Comment
faire peser sur les communes déjà si surchargées les
40 millions que représentent les trois journées de
travail de la prestation en nature? Y renoncer, c'est
abandonner sans compensation possible une res-
source précieuse exclusivement destinée aux chemins vicinaux, c'est compromettre le bien qui a
déjà été fait, c'est le rendre impossible dans l'avenir.

Déterminé par ces motifs, le Congrès a pensé qu'il ne convenait de demander sur ce point aucune modification à la législation existante.

Mais s'il est nécessaire de conserver la prestation en nature, il importe qu'elle ne soit pas détournée de sa véritable destination. S'il est juste de demander à chaque habitant de la commune son travail, c'est à la condition qu'il ne sera appliqué qu'à la création et à l'entretien des chemins d'un intérêt communal. A-t-on toujours scrupuleusement respecté ce principe d'équité et de justice distributive ? N'a-t-on pas quelquefois classé comme chemins de grandes communications de véritables routes départementales qui, traversant tout le département, l'intéressent plus que la commune, et devraient être mises entièrement à sa charge au lieu d'absorber presque toutes les ressources réservées à la petite vicinalité. Pour obvier à cet inconvénient, et dans l'intérêt simultané des communes et des exploitations rurales, le Congrès a demandé une nouvelle classification des routes et des chemins ayant pour but :

De mettre à la charge de l'état les routes qui servent de communication de département à département ; de mettre à la charge du département ceux des chemins de grande communication qui sont d'utilité générale pour le département ; de réserver toutes les ressources communales, prestations et autres, pour les chemins vicinaux et ruraux.

Dans le même but et pour mieux assurer le bon état de la petite viabilité rurale, le Congrès a demandé :

Que des cantonniers payés à la journée ou à l'année fussent créés par commune ou par réunion de communes, pour être chargés de l'entretien des chemins, sous la surveillance des maires ;

Qu'on étendît aux chemins ruraux la disposition de la loi qui oblige les établissements industriels à subvenir à la réparation des chemins vicinaux dont ils se servent.

BOIS : Défrichement et Reboisement.

Qui pourrait méconnaître l'importance de la question forestière? Depuis longtemps on se plaint, avec raison, des conséquences désastreuses d'un déboisement trop considérable. Des savants dont l'autorité est incontestable, ont fait de cette grave question l'objet de leurs études. M. de Humbolt a constaté que la diminution graduelle des rivières et des lacs, dans les deux Amériques et en Russie, avait été proportionelle aux défrichements. M. de Saussure a fait en Suisse les mêmes observations. En France l'irrégularité du cours des rivières a été attribuée, par M. de Prony, à la même cause. Qui oserait assurer que les inondations si terribles qui, depuis quelques années, ont dévasté les départements du midi, n'ont pas pour cause première le déboisement des montagnes.

En 1750 le sol boisé de la France occupait encore le quart du territoire. En 1788 il n'en occupait plus que la septième partie. En l'an XI il était réduit à la douzième. La France possédait sous Louis XIII quarante millions d'hectares de bois : il n'en reste plus aujourd'hui que six à sept millions, mieux administrés, il est vrai, mais dépouillés de leurs réserves séculaires.

La richesse publique a sans doute gagné à ce que certaines terres plantées en bois, fussent rendues à l'agriculture ; mais en cela comme en tout, il faut craindre l'excès et prévenir l'abus.

Le bois est nécessaire à la plupart de nos industries. La production forestière n'intéresse pas seulement l'avenir économique d'un pays; elle importe à son indépendance. Nous sommes à cet égard tributaires de l'étranger pour une somme de 40 millions (1). Les intérêts si précieux de notre marine ne nous permettent pas de négliger nos forêts.

Le code forestier de 1827 interdit à tout pro-

______

(1) De cette somme de 40 millions, il serait juste de déduire environ 5 millions, qui représentent le chiffre de nos exportations en bois. Voici, au surplus, les chiffres exacts, tels qu'ils résultent du tableau général du commerce de la France, publié par l'administration des douanes pour l'année 1844.

BOIS { Importations . . . . . 39,677,724 fr.
       { Exportations 1,881,751

priétaire de bois, le défrichement de sa propriété sans une autorisation du gouvernement ; mais cette prohibition limitée à 20 ans expire en 1847. Devra-t-elle être plus longtemps prolongée par une loi nouvelle ?

On voit qu'il s'agit ici de concilier l'intérêt général avec le respect dû au droit et à la liberté de la propriété privée. Chacun assurément doit avoir la libre disposition de son bien, mais on comprend cependant que certaines restrictions puissent être imposées dans un but vraiment national.

Le Congrès a pensé que pour le défrichement des forêts, une distinction était nécessaire. Dans la plaine où les terres en général sont plutôt destinées par la nature à la culture qu'à la production du bois, et où d'ailleurs les défrichements ne peuvent avoir, sous le rapport de l'aménagement des eaux les mêmes inconvénients que dans les montagnes, une liberté entière peut être laissée au propriétaire ; mais dans les terrains en pente, il ne doit être fait au contraire aucun défrichement sans l'autorisation du gouvernement. Pour mieux garantir tous les droits et tous les intérêts, le Congrès a demandé que ces autorisations ne fussent données qu'après que le Conseil général et le Conseil d'arrondissement auraient été consultés, et sur l'avis du comité des finances du Conseil d'Etat.

Mais ce n'est point assez d'apporter quelques entraves au défrichement, il faut aussi favoriser le reboisement des montagnes. Le Congrès a donc émis le vœu que le gouvernement s'occupât de provoquer les mesures nécessaires pour opérer le reboisement des terrains en pente, et que dans certains cas, s'il était nécessaire, on eût recours, pour vaincre les résistances particulières, à l'expropriation (1) pour cause d'utilité publique.

Associations agricoles.

J'ai signalé au commencement de cet écrit le mouvement des esprits qui a produit les Congrès régionnaux et le Congrès central : un mouvement semblable avait, à une époque plus éloignée, provoqué la formation d'associations agricoles.

La première idée des comices en France est due à l'homme éminent que le Congrès central d'agricul-

(1) Ce serait assurément une mesure très grave que celle qui aurait pour objet d'appliquer au reboisement des montagnes l'expropriation pour cause d'utilité publique. Sans doute le droit de propriété doit céder dans certains cas devant l'intérêt général ; mais il faut que cet intérêt soit d'une réalisation certaine et immédiate. En est-il ainsi du reboisement d'une montagne ? Son sol se refusera peut-être à la production du bois, et dans tous les cas il faudra bien des années pour que l'expérience soit faite ou pour qu'une forêt ait remplacé les bruyères qui la couvraient. Quand il s'agit d'obtenir un résultat aussi éloigné et aussi incertain, peut-on exproprier le propriétaire de son domaine ? J'avais cru devoir présenter au Congrès quelques observations en ce sens, et je persiste à penser qu'elles étaient fondées.

ture a jusqu'ici choisi pour président. Dans une
lettre du 27 décembre 1819, M. le duc Decazes,
alors ministre de l'intérieur, après avoir cité pour
modèle les associations de ce genre existant en Angleterre, ajoutait : « Il m'a semblé que si de pareilles
« institutions pouvaient s'acclimater dans un pays
« aussi avantageusement situé que la France, notre
« agriculture en retirerait des fruits précieux. »
Les comices ne tardèrent pas à se multiplier. En
1830, leur nombre était déjà de cent trente, aujourd'hui il est de huit cents. Déjà les sociétés
d'agriculture s'étaient formées dans un but un
peu différent ; elles continuèrent à se développer.
Comme couronnement de l'édifice, on a vu récemment se constituer les Congrès.

Toutes ces associations spontanément formées,
embrassant des localités nombreuses et diverses,
sont aujourd'hui libres et indépendantes : elles n'ont
aucun rapport nécessaire, aucune organisation hiérarchique. Quelques esprits ont pensé que, pour en
retirer tout l'avantage qu'elles peuvent produire, il
était nécessaire de les soumettre à des règles fixes
et uniformes qui établissent entre elles l'harmonie,
et qu'il fallait provoquer leur formation là où elles
n'existent pas encore.

Mais la spontanéité de leur création et la liberté
de leur régime ne constituent-elles pas le principal
caractère des associations agricoles, leur premier

mérite, la cause la plus énergique de leur force et de leur durée? L'action du gouvernement ne ferait pas naître l'esprit d'association là où il ne s'est pas librement développé ; il pourrait l'arrêter et entraver sa marche en voulant en prendre la direction. Ces comices si nombreux et si zélés, ces sociétés d'agriculture si savantes, ces Congrès si précieux par les lumières qu'ils réunissent de tous les points du pays, se sont créés pour satisfaire à des besoins divers; ils ne pourraient se soumettre à une règle absolue. La puissance publique ne doit intervenir ici que dans l'intérêt de l'ordre public, et comme elle intervient pour la formation de toutes les associations. L'action de l'administration peut d'ailleurs se faire utilement sentir par la distribution des subventions qu'elle accorde généreusement. L'État ne peut songer à diriger l'agriculture, mais il lui appartient de l'encourager.

Le Congrès a résumé ces idées en émettant le vœu :

Que toute liberté compatible avec le bon ordre soit laissée aux associations agricoles pour la confection de leurs statuts et les rapports à établir entre elles.

Toutefois, les associations libres ne peuvent répondre à tous les besoins de l'agriculture. Les commerçants et les industriels s'associent librement aussi pour la défense de leurs intérêts; mais ils ont en outre une sorte de représentation officielle réguliè-

rement organisée. Ici l'intervention du gouvernement, loin d'être repoussée, doit être sollicitée,
puisqu'il s'agit de former auprès de lui des corps
consultatifs auxquels il demande des avis et des renseignements sur les faits, qu'il appelle à présenter
leurs vues sur l'état de l'industrie et du commerce,
et sur les moyens d'en accroître la prospérité. Ces
corps existent, et leur organisation, réglée par
des ordonnances, est déjà ancienne : ce sont les
chambres de commerce et les chambres consultatives des arts et manufactures. L'agriculture
n'a-t-elle pas droit à des institutions semblables, et
peut-elle être taxée d'ambition si, réclamant, non
une création nouvelle, mais *une imitation* de ce que
possèdent le commerce et l'industrie, elle demande
aussi des chambres consultatives?

L'idée n'en est pas nouvelle.

M. Martin du Nord, alors ministre de l'agriculture et du commerce, disait en 1837 (1) : « La créa-
« tion des chambres consultatives d'agriculture aura
« un immense avantage. » L'année suivante le rap-
porteur de la commission du budget, à la Chambre
des députés, s'exprimait ainsi (2) : « Les intérêts
« de l'agriculture ont besoin d'être concentrés; ils

(1) Discours à la Chambre des députés, le 8 juin 1837.

(2) Rapport de M. Vuitry, député de l'Yonne, sur le budget du
ministère des travaux publics, de l'agriculture et du commerce
(séance du 16 mai 1838).

« ont droit à des organes qui, du fond des provinces,
« fassent connaître tous ses besoins, et la création
« de chambres consultatives d'agriculture, à l'ins-
« tar de celles du commerce, a été souvent agitée. »
Une proposition fut faite en ce sens, en 1840, par
MM. Defitte et Beaumont (de la Somme); prise en
considération, elle fut l'objet d'un remarquable rapport de M. Tourret; mais les graves événements
politiques qui survinrent à la fin de cette année n'en
permirent pas la discussion.

Fondées sur le principe commun de toutes nos
institutions, le principe électif, les chambres consultatives seraient l'organe légal de tous les besoins
de l'agriculture.

Les grands propriétaires, les capacités agricoles
ambitionneraient d'en faire partie; elles se recru-
teraient aussi parmi ces hommes laborieux et mo-
destes, qui cultivent le sol, et viendraient y apporter
les conseils et l'autorité d'une longue et intelligente
pratique.

Au-dessus d'elles resterait placé le conseil général
d'agriculture.

On sait qu'aujourd'hui trois conseils généraux,
celui du commerce, celui des manufactures, celui
de l'agriculture, sont convoqués à certaines épo-
ques par le ministre pour délibérer sur les questions
qu'il leur soumet, et sur les propositions qui peuvent être faites par chacun de leurs membres.

Dans l'état actuel des choses, ces trois conseils sont composés chacun d'une manière différente.

Le conseil général du commerce comprend 72 membres, tous exclusivement nommés par les chambres de commerce.

Le conseil général des manufactures est composé de 60 membres ; 20 sont le produit de l'élection, et 40 sont nommés par le ministre.

Enfin le Conseil-général d'agriculture a 56 membres, tous nommés par le ministre.

Cette différence et cette espèce d'infériorité dans la représentation de l'agriculture tiennent à ce que jusqu'ici, il n'existait dans les départements aucun conseil agricole qui pût revendiquer le droit d'envoyer des délégués au conseil général.

Si les chambres consultatives d'agriculture étaient créées, elles pourraient, comme les chambres de commerce, former par la voie de l'élection le conseil général qui leur correspond. Les trois conseils auraient ainsi une organisation également puissante ; ils représenteraient avec la même force les intérêts différents que chacun d'eux a pour mission de défendre (1).

(1) Dès l'année 1838, cette réorganisation du Conseil général d'agriculture était demandée par la commission du budget à la Chambre des Députés. On lit à ce sujet, dans le rapport que j'ai déjà cité : « Quelque juste considération que méritent les hommes » honorables qui ont été choisis, on doit reconnaître qu'ils ne peu » vent pas avoir toute l'autorité morale qu'ils auraient puisée dans » le principe électif. »

Les trois conseils délibèrent séparément ; leurs discussions et leurs votes éclairent le gouvernement ; mais la diversité des intérêts qu'ils représentent, les conduit souvent à envisager les mêmes questions sous des points de vue différents, et à prendre des résolutions opposées. Le ministre doit choisir : pour rendre sa détermination plus facile et plus sûre, il consulte le *Conseil supérieur du commerce*. Ce corps, dont l'origine remonte à Sully et à Colbert qui l'avaient créé pour les besoins spéciaux du commerce, a été plusieurs fois réorganisé par des ordonnances qui ont modifié et étendu ses attributions. C'est là un conseil privé de gouvernement, et le choix de ses membres reste nécessairement dans le domaine exclusif du ministre. Toutefois, on doit s'étonner qu'il ait conservé un titre qu'expliquent les intentions premières de ses illustres fondateurs, mais qui ne répond plus à la mission qui lui est aujourd'hui confiée : si on examine sa composition, on regrette que l'agriculture n'y trouve pas une représentation égale à celle des autres industries.

Pour satisfaire à tous ces besoins, le Congrès a émis le vœu :

Que des chambres consultatives d'agriculture fussent organisées par département et par voie d'élection ;

Que le Conseil général d'agriculture fût composé de 86 membres, nommés par les chambres consultatives ;

Que le conseil supérieur, qui jusqu'à présent s'est appelé conseil supérieur du commerce, prenne le nom de conseil supérieur de l'agriculture, des manufactures et du commerce; et que l'agriculture ait dans sa composition une part relative à ses besoins et à son importance.

Direction et encouragement à la production et à l'amélioration des diverses espèces de Bestiaux. — Espèce Chevaline. — Espèce Bovine. — Espèce Ovine.

L'importante question des bestiaux avait été renvoyée à la dernière séance du Congrès, à raison du temps qui avait été nécessaire à la commission pour préparer et formuler ses propositions. Il en est résulté que la discussion n'a pas été complète, et qu'elle a dû être interrompue et ajournée à la session prochaine.

L'amélioration des différentes races de bestiaux soulève assurément des questions différentes ; mais elles se rattachent à quelques idées communes, à des principes généraux : c'est ce qui a déterminé le Congrès à adopter une série de propositions concernant toutes les races en général, et a émettre ensuite des vœux spéciaux s'appliquant à chacune des espèces chevaline, bovine et ovine.

A ce point de vue, est-il aujourd'hui nécessaire d'examiner si en France, où les institutions démocratiques amènent chaque jour la division des for-

tunes et de la propriété foncière, le soin de l'amélioration des races peut être abandonné complétement
à l'industrie privée, comme dans un pays voisin,
l'Angleterre? Sans doute l'industrie privée peut entreprendre avec avantage et profit certaines productions pour lesquelles l'administration aurait
tort de lui faire concurrence. Mais il est au contraire
des améliorations que leur nature et les frais qu'elles
occasionnent mettent nécessairement à la charge
de l'Etat. Ainsi, les importations des races étrangères, la production des types régénérateurs, les
essais tentés sur des races nouvelles, sont essen-
tiellement du ressort de l'administration.

Sous le rapport des importations, tout le monde
sait ce qui a été fait. Dans l'espèce chevaline, nous
possédons depuis longtemps des étalons de tête
venus de l'étranger. Pour les espèces bovine et
ovine, l'introduction de la race courtes-cornes
améliorée de Durham, celle des béliers anglais
de Dishley, de New-Kent et Southdown datent de
plusieurs années et ces essais ont réussi. Les premières importations avaient été dirigées dans le
but presqu'exclusif d'augmenter la production de
la viande. Depuis on a pensé qu'il convenait aussi
de ne pas négliger les types de races recommandées pour le travail et les qualités laitières. Dans
ce but, des taureaux de Devon et d'Herefort, ont

été ramenés l'année dernière par un de MM. les inspecteurs d'agriculture.

Le principe de l'intervention de l'État ne saurait être repoussé ; il importe seulement de déterminer le mode et les circonstances de cette intervention, d'en régler l'emploi, de prévenir les abus.

Le Congrès a cru pourvoir à tous les besoins et solliciter toutes les améliorations utiles en demandant :

Que l'administration intervienne dans l'amélioration des différentes espèces de nos animaux domestiques, en aidant à l'industrie privée pour provoquer son développement ; qu'elle la supplée tant qu'elle n'est pas développée et se retire enfin devant elle au moment où celle-ci peut-être livrée à elle-même ;

Que l'administration regarde comme convenable de s'abstenir de toute production autre que celle des types régénérateurs ;

Que l'intervention de l'état ait lieu :

1° Par les importations de races étrangères, les productions des types régénérateurs, les essais tentés sur les races nouvelles ;

2° Par l'enseignement et les publications utiles, ainsi que par la faveur accordée au développement de l'industrie privée et que ce vaste système d'encouragement comprenne : les primes annuelles pour l'entretien, chez les particuliers, des types régénérateurs et améliorateurs des espèces chevaline et bovine ; des concours de premier degré ou de petite circonscription, sous la direction des comices, pour les espèces chevaline, bovine et ovine ; des concours départementaux ou de second degré pour ces trois espèces ; et enfin comme complément de ce système, de grands concours d'engraissement pour les bêtes de boucherie et des concours d'une égale importance pour les diverses natures de laine ;

Que les communes soient encouragées à faire l'acquisition de bons étalons ou de bons taureaux ;

Que le gouvernement continue de favoriser, de département à département, les importations de races d'élite, au moyen de subventions accordées aux sociétés agricoles qui font des sacrifices pour le même objet ;

Qu'il soit fait dans les établissements agricoles de l'état et notamment dans les écoles vétérinaires d'application, des expériences destinées à compléter les études des élèves ;

Que l'administration continue à faire étudier les maladies enzootiques annuelles, contagieuses ou non, encore peu connues, qui affectent les différentes espèces d'animaux domestiques dans diverses localités, et à faire publier des instructions pour enseigner les moyens de les en préserver et de les en guérir ; et à cet effet d'améliorer le service vétérinaire existant aujourd'hui dans chaque département :

Que l'administration s'occupe de réviser les réglements

sanitaires, concernant les moyens de prévenir et d'arrêter les maladies contagieuses des chevaux et des bestiaux, afin de mettre ces réglements en harmonie avec l'état de l'industrie agricole, manufacturière, commerciale et les connaissances vétérinaires de notre époque ;

Que la perception des droits de douane soit maintenue ; — que les modifications apportées à l'uniformité de ces droits en faveur du royaume de Sardaigne, soient révoquées à l'expiration du traité, et que les taureaux soient assimilés aux bœufs pour les droits d'entrée aux frontières.

Il m'a paru suffisant d'énoncer ces nombreuses propositions, adoptées par le Congrès presque sans discussion ; chacune d'elles s'explique pour ainsi dire par elle-même. Mais un débat plus important s'est élevé sur les vœux spéciaux relatifs à la race chevaline.

Depuis longtemps quelques personnes dirigent contre l'administration des haras de vives attaques. Elles demandent que les étalons qu'elle entretient et conserve aujourd'hui dans ses dépôts, soient livrés par elle à des particuliers qui en deviendraient détenteurs moyennant une prime annuelle variable suivant les différens types. Sur la proposition d'un de ses membres et à la majorité de quelques voix seulement, le Congrès s'est prononcé en faveur de ce système. Il est impossible de se dissimuler les graves conséquences qu'entraînerait sa réalisation.

L'administration des haras possède aujourd'hui des animaux d'un prix très élevé : quelques-uns ont couté 50 et 60 mille francs. Est-il sage de les confier à l'industrie privée ? et la surveillance qui devrait être exercée, serait-elle une garantie suffisante contre le défaut de soins, l'inexpérience, à plus forte raison contre les abus qui ne manqueraient d'entraîner des pertes funestes à l'amélioration de la race chevaline, et grandement préjudiciable aux intérêts du trésor public ? Ne serait-ce pas méconnaître les règles de prudence et d'économie qui doivent toujours présider à l'emploi des ressources de l'état. D'ailleurs l'administration répartit aujourd'hui ses étalons dans les divers lieux de production, eu égard aux besoins et de manière à servir tous les intérêts du pays. Il est évident qu'il ne pourrait plus en être ainsi le jour ou les étalons seraient confiés à l'industrie privée là ou elle les demanderait. Dans tel département, le nombre des étalons demandés serait bien supérieur aux besoins de la production ; dans tel autre il serait insuffisant et l'élevage en souffrirait. Mais la question sera sans doute examinée de nouveau au Congrès de 1847; car le temps n'a pas permis de continuer la discussion relative aux chevaux et

elle a dû être interrompue après l'adoption des
vœux suivants :

*Que l'administration réclame des Chambres les fonds né-
cessaires pour accorder des primes de montes annuelles à
tous les étalons susceptibles d'améliorer nos diverses races
de trait et la* RACE MULASSIÈRE (1).

(1) Ce paragraphe a été adopté par voie d'amendement sur la
proposition d'un membre du Congrès. — Le Travail de la commission ne contenait rien qui fût relatif à la race mulassière.

M. Savin-Larclause, si bien connu par les services qu'il a déjà rendus
à l'agriculture du Poitou, avait eu la pensée de réparer cette omis-
sion et avait déposé sur le bureau du Président un amendement
dont tel était le but. — Je m'empressai de me concerter avec lui à
ce sujet. — Il voulut bien reconnaître que la rédaction qu'il avait
proposée avait l'inconvénient de soulever quelques objections qui,
en portant sur la forme, pourraient nuire au fonds. — Nous con-
vînmes d'une rédaction nouvelle que nous présentâmes de concert.
— Elle était ainsi conçue :

*Le Congrès émet le vœu que le gouvernement s'occupe de
la conservation et de l'amélioration des types reproducteurs
de la race mulassière.*

Malheureusement la discussion fut interrompue avant le moment où notre proposition devait être examinée. — J'ai la convic-
tion que le Congrès l'eût adoptée. — Elle eût pu servir ensuite de
base à des réclamations adressées au gouvernement pour obtenir
qu'il soit placé au dépôt de St-Maixent un nombre suffisant de
chevaux-étalons mulassiers et de baudets de choix. — C''est là le
seul moyen, je ne dirai pas seulement de rendre cet établissement
vraiment utile, mais de l'empêcher de contribuer à détériorer la
race mulassière. — Notre amendement a été renvoyé à la session
prochaine avec les autres propositions de la commission.

Toutefois il importe de remarquer que le paragraphe auquel
cette note se rapporte n'est pas sans importance : il constate que,

Que les étalons particuliers employés à la reproduction soient soumis à l'approbation de commissions spéciales ;

Que les étalons entachés de vices contagieux et héréditaires soient probibés ;

Que l'autorité provoque au chef-lieu d'arrondissement, à partir du 15 octobre de chaque année, la réunion de tous les chevaux et juments ayant au mois 3 ans fait, et que l'administration des remontes soit appelée à y faire directement ses achats des propriétaires, à l'exclusion des chevaux étrangers toujours introduits par des marchands.

Les autres propositions dont l'examen sera repris à l'ouverture du Congrès de 1847, étaient :

Pour les chevaux :

Que M. le Ministre de la guerre soit prié de renouveler ses efforts et de maintenir les mesures déjà prises, à l'effet de restreindre le plus possible d'abord, puis de faire cesser complètement plus tard, les achats de chevaux étrangers, soit au dehors, soit à l'intérieur.

Que la remonte de l'armée soit régulière quant au chiffre normal, afin que l'industrie soit assurée de la vente de ses produits et puisse diriger fructueusement ses spéculations, fait naturellement impossible lorsqu'elle ne connaît pas les besoins à remplir.

Que des primes d'encouragement soient allouées aux propriétaires qui fournissent en plus grand nombre et en

dans l'opinion du Congrès, l'espèce mulassière a, comme l'espèce chevaline, droit à la protection et aux encouragements du gouvernement.

meilleure qualité, des chevaux à la remonte de la cavalerie
légère, dragons et lanciers, et que la liste en soit livrée à
la publicité.

Que le Ministre de la guerre achète indifféremment pour
le service des remontes des chevaux et des juments, dans les
départements où les conseils généraux en feront la demande,
sans établir d'avance de rapport fixe entre les unes et les
autres.

Que les dépôts de remontes, établis dans des départements différents, soient indépendants les uns des autres et
reçoivent tous directement leurs ordres d'achats du ministère
de la guerre.

Qu'il soit fait un recrutement général de la population
chevaline, comprenant un tableau de la qualité des étalons
et de la nature des juments, ainsi que de leurs produits.

Qu'enfin il soit dressé un état des naissances de tous
les individus de cette espèce.

Pour l'espèce bovine :

Que le bureau du Congrès exprime au gouvernement sa
vive et profonde reconnaissance des mesures prises pour la
substitution du droit au poids au droit par tête, à l'entrée
des bestiaux dans les villes, et pour le nivellement des droits
qui frappent la viande provenant des abattoirs de Paris et
la viande à la main.

Que, conformément au vœu déjà émis en 1844, et reproduit en 1845 par le Congrès, il accorde au commerce de la
boucherie la liberté réclamée dans l'intérêt des producteurs
et des consommateurs ; que les propriétaires, dont les bestiaux n'auront pas été achetés sur les marchés d'approvision-

nement de Paris, puissent les introduire, les dépecer dans les abattoirs et les faire vendre à la criée, en gros et demi-gros, dans une halle spéciale, conformément aux réglements pris à ce sujet par l'administration pour la vente du poisson et d'autres denrées alimentaires; qu'enfin on augmente le nombre des localités et des jours ou les bouchers forains peuvent venir vendre de la viande dans Paris.

Que les droits d'octroi et d'abattoir, perçus sur la viande de boucherie, soient diminués autant que le permettent les ressources des villes, au profit desquelles ils sont établis.

Que le gouvernement multiplie les vacheries modèles et les dépôts de taureaux.

Que le nombre et la valeur des primes accordées au concours de Poissy soient augmentés; qu'il y soit fondé en outre des cathégories et des prix de races françaises, où l'on tiendra compte des différences d'âge; qu'il soit établi des concours semblables dans les quatre divisions de la France; qu'à titre de simple renseignement il soit demandé aux concurrens primés des détails sur le prix de revient de leurs animaux.

Que la méthode Guénon, (1) sur les signes révélateurs

(1) M. Guénon, cultivateur à Libourne, après de nombreuses observations faites avec sagacité et persévérance pendant 20 années, a cru pouvoir constater que les qualités laitières des vaches se faisaient reconnaître par certains signes extérieurs qu'il a appelés *écussons*, et qu'il a classés avec un grand soin. D'après le nombre et la forme de ces signes il détermine : 1° La quantité de lait qu'une vache peut donner ; 2° la qualité de ce lait ; 3° le temps plus ou moins long pendant lequel la vache conserve son lait après la gestion. C'est là ce qu'on appelle *la Méthode Guénon.*

(Voy. *le Traité* de M. GUÉNON, sur les vaches laitières.)

des bonnes vaches laitières, soit étudiée avec la plus sérieuse attention dans les vacheries de l'état, ainsi que dans les tournées de MM. les Inspecteurs de l'agriculture ;

Qu'on recherche si la dissection révèle quelque corrélation anatomique entre les signes extérieurs et quelques caractères internes, et que l'on s'éclaire sur la question de savoir si les mêmes signes sont applicables à quelques autres animaux appartenant à l'économie domestique ;

Qu'il soit fait des expériences dans les établissements de l'état, sur l'alimentation la plus favorable à l'engraissement et à la production du lait, et que ces expériences soient livrées à la publicité ;

Qu'il soit dressé des tables généalogiques des animaux les plus distingués de l'espèce bovine.

Pour l'espèce ovine :

Que le gouvernement favorise l'amélioration des troupeaux par des métissages rationels ; par des instructions sur les meilleurs modes de nourriture, d'entretien et d'éducation des moutons ; par des indications sur les races les mieux appropriées aux besoins des diverses localités et les modes de croisements les plus avantageux ; par la vente de béliers mérinos de pur sang ou autres, sur les divers points du territoire, suivant ce que peuvent comporter les localités ; par une utile extention des bergeries royales et la création d'écoles de bergers dans ces établissements ;

Qu'il soit établi au concours de Poissy quatre catégories de bêtes à laine et qu'elles soient divisées en bêtes précoces, en bêtes à laine longue, à laine fine et à laine commune ;

Que les concours régionnaux demandés pour les bêtes

grasses de l'espèce bovine soient étendus à l'espèce ovine avec les mêmes distinctions de catégories.

Pour les laines :

Que le traitement des laines par le lavage soit étudié et que ces études soient livrées à la publicité, pour éclairer les producteurs sur une question aussi intimement liée au succès de leur industrie ;

Que des concours ouverts aux différentes qualités de laine soient établis dans les grands centres de production ou de consommation, et que les récompenses soient assez larges pour provoquer une active émulation ;

Que la préemption soit opérée directement par l'administration et non par des agents subalternes, qu'à cet effet il soit préposé à l'exercice de la préemption des agents spéciaux ; que le délai de la préemption soit fixé à dix jours au lieu de trois, et que les laines préemptées soient vendues aux enchères publiques.

J'ai reproduit textuellement ces longues et nombreuses propositions. J'avais eu le soin d'en prendre connaissance au Congrès et je ne crois pas avoir fait une chose inutile en les insérant ici. C'est précisément parce qu'elles n'ont pu être discutées et qu'elles seront l'objet des premières délibérations du Congrès dans sa session de 1847, que je me plais à les soumettre à l'appréciation et à l'examen de tous les membres du comice. Elles pourront suggérer à quelques uns des habiles praticiens qui le composent des observations impor-

tantes ; elles pourront être l'occasion d'études in-
téressantes de la part du comice ; elles le mettront
à même d'éclairer de ses lumières ceux auxquels
il confiera, l'année prochaine, l'honneur de le re-
présenter et qui pourront ainsi faire profiter le
Congrès du résultat de ses travaux et de son expérience (1).

(1) Je crois devoir appeler particulièrement l'attention du comice sur une question qui a pour l'arrondissement de Melle un
très grand intérêt et qui se rattache naturellement aux propositions relatives aux bestiaux.

Il s'agit de la loi du 26 mai 1838, sur les vices rédhibitoires et
de ses effets à l'égard de la race mulassière.

Les réclamations nombreuses que cette loi soulève, constatent
que souvent on fait abus de ses dispositions en considérant comme
fluxions périodiques des yeux, des maladies accidentelles pro-
duites chez de jeunes animaux par la fatigue d'un long voyage et
la poussière des routes. Il arrive fréquemment aussi que dans ce
cas le producteur au lieu d'être directement mis en cause, est appelé en garantie, par suite d'une revente réelle ou fictive, et se
voit ainsi exposé à soutenir, fort loin de son domicile, un procès dis-
pendieux. Pour éviter des frais considérables, il accepte la condition
qui lui est imposée et il consent à une diminution du prix. La disposition de la loi de 1838 qui veut que l'action en réduction du
prix ne puisse être intentée dans les ventes et échanges d'animaux
se trouve donc inutile, ou plus tôt, respectée en droit, elle est
réellement méconnue par la toute-puissance du fait.

Comment prévenir ces abus et protéger suffisamment le cultivateur ? La difficulté est réelle, et pour la résoudre il vaut mieux
l'exposer nettement que la dissimuler.

Le Congrès de l'Ouest dans sa réunion, à Poitiers, du mois de
mai dernier, a pensé qu'il n'était pas possible de demander une

Ces motifs m'ont également déterminé à recueillir avec le même soin les propositions faites au Congrès par les commissions qui avaient été chargées de l'examen des questions relatives au *commerce agricole, au régime et à la police des eaux, aux tarifs des chemins de fer.* Elles figuraient au programme des travaux du Congrès ; mais le temps n'a pas permis de les discuter, et, comme la question des bestiaux, elles seront placées en tête du programme

modification à la loi du 20 mai 1838 et qu'il suffisait d'inviter les cultivateurs à stipuler au moment de la vente qu'ils vendaient *sans garantie* pour la fluxion périodique des yeux.

La loi en effet autorise des stipulations de cette nature et si l'usage s'en répandait elles préviendraient tous les inconvénients signalés. Mais conviendront-elles suffisamment aux habitudes des cultivateurs et à celles des marchands ? l'expérience pourra seule le prouver.

Dans tous les cas il me paraît indispensable que si des réclamations doivent être formées elles puissent reposer sur des faits précis et bien constatés. Ainsi il serait utile de savoir combien de jeunes animaux de la race mulassière sont vendus chaque année dans l'arrondissement à des marchands étrangers et combien de ventes donnent lieu à l'action rédhibitoire ; il serait également bon de connaître les circonstances extraordinaires qui ont pu se produire et qui montreraient que le vendeur est souvent victime de la mauvaise foi du marchand.

Je crois que le comice rendrait un véritable service et ferait faire un grand pas à la question en réunissant ces renseignements statistiques qu'il lui sera facile de recueillir, soit directement par ses membres, soit par les centres de correspondances qui sont organisés dans chaque canton.

de l'année prochaine. Je me contenterai de donner leur texte en l'accompagnant de quelques notes.

Commerce agricole.

La commission propose au Congrès les vœux suivants :

Foires.

Que le gouvernement n'autorise désormais l'établissement de foires nouvelles, qu'avec la plus grande réserve et qu'il prenne les mesures nécessaires pour diminuer le nombre de celles qui existent déja (1).

Droits d'octroi sur les Fourrages.

Que le poids des fourrages, qui sert de base à la perception du droit d'octroi à l'entrée des villes, soit le même que le poids exigé sur les marchés de ces mêmes villes (2).

(1) Il est évident que ce vœu, s'il était adopté, devrait toujours être entendu de manière à ne pas nuire aux droits acquis et à ne pas opposer un obstacle insurmontable aux demandes nouvelles, fondées sur de justes motifs et satisfaisant à des intérêts sérieux.

(2) Ce vœu n'intéresse guères que les départements qui concourent à l'approvisionnement de Paris, et tient à un usage particulier établi sur le marché de cette ville. — Pendant les premiers mois qui suivent la récolte, chaque botte de foin nouveau doit peser 12 demi kilogrammes ; dans la période suivante, 11 ; puis ensuite, 10. L'acheteur ne paie jamais que 10 demi kilogrammes. On a voulu arriver ainsi à faire vendre toujours la même quantité de matière nutritive, en ne tenant pas compte de la quantité d'eau que con-

Vente au poids.

Que le gouvernement fasse étudier les moyens nécessaires pour que les céréales soient partout vendues au poids.

Mercuriales.

Le Congrès rappelle les vœux (1) *émis en 1845 sur la question des céréales et demande qu'il soit pris des mesures pro-*

serve encore le foin nouveau ; mais l'octroi de Paris n'admet pas cette distinction, et perçoit toujours le droit sur le poids réel de chaque botte. Il en résulte que pendant une certaine partie de l'année une botte de foin paie le droit pour 12 demi kilogrammes, tandis qu'elle est vendue sur le marché et payée pour un poids de 10 demi kilogrammes seulement. — C'est là une véritable injustice, qui pourrait se présenter ailleurs, et dont on demande la cessation.

(1) Les vœux émis par le Congrès, en 1845, et qui sont ici rappelés, étaient ainsi conçus :

1° Que le gouvernement modifie le classement et les tarifs ou tableaux régulateurs du prix des grains, en ce qui concerne la quatrième classe ; et élève les droits de manière à faire disparaître la trop grande inégalité entre les zones ;

2° Qu'une mercuriale distincte soit établie pour l'avoine ;

3° Qu'à l'avenir, les mercuriales soient établies au poids et non à la mesure ;

4° Que M. le ministre de l'agriculture et du commerce veuille bien modifier les tarifs et le classement des tableaux régulateurs, en ce qui concerne les marchés de la quatrième classe ;

5° Que la loi de l'an II, qui prohibe la coupe des blés en vert, soit formellement abrogée.

*pres à rendre sincères les mercuriales qui servent à détermi-
ner le prix du pain (1).*

Commerce agricole.

*Le Congrès émet le vœu que lorsqu'il y aura lieu de modi-
fier les tarifs des droits de douane, qui sont assis sur les denrées que l'agriculture de la France produit concurremment
avec celle de l'étranger (denrées dont la vente et l'achat cons-
tituent ce qu'on a appelé son commerce agricole) le gouvernement ait toujours égard à la différence des prix de revient, de
telle sorte que les droits protecteurs soient, autant que possible,
la représentation exacte de cette différence et aient principalement pour but d'égaliser les conditions entre le producteur
français et le producteur étranger (2).*

Régime et police des eaux.

La commission a soumis au Congrès les résolutions suivantes :

(1) On ne saurait examiner avec trop de sollicitude tout ce qui
se rattache au prix du pain, cette denrée qui, en France, entre
pour une part si considérable dans la nourriture des classes pauvres.

(2) La pensée de cette proposition est de ne point réclamer des
droits prohibitifs, qui causent un préjudice trop considérable aux
intérêts des consommateurs, et de se contenter de tarifs protecteurs qui défendent la production nationale contre la concurrence
étrangère. C'est le principe qui depuis longtemps a prévalu dans
la plupart des lois de douane; mais les difficultés s'élèvent toujours
sur son application dans chaque circonstance spéciale, et sur la
question de savoir à quels chiffres il faut fixer les tarifs pour qu'ils
soient suffisamment protecteurs sans devenir prohibitifs.

§ 1ᵉʳ. — IRRIGATIONS (1).

1° Que tout propriétaire de terrains irrigables placés sur une seule rive d'un cours d'eau non navigable ni flottable

(1) L'importance et l'utilité des irrigations n'ont guères besoin d'être démontrées aujourd'hui. Quelques chiffres feront comprendre tout le parti qu'on peut tirer de la richesse naturelle des eaux courantes.

La France ne possède qu'un hectare de prairie par cinq hectares et demi de terres labourables, tandis qu'en Allemagne, en Prusse et en Italie, il y a environ un hectare de prairie pour trois hectares de terres labourables; tandis qu'en Angleterre, en Hollande et en Suisse, il y a égalité entre les unes et les autres.

Cette infériorité de la France, quant à l'étendue de ses prairies, amène une infériorité correspondante dans la production des bestiaux et de la viande. Aussi, nous sommes aujourd'hui tributaires de l'étranger pour une somme qui ne s'élève pas à moins de 94 millions en achats de chevaux, bœufs, moutons, laines, cuirs, etc....

M. le comte de Gasparin porte à un milliard l'augmentation de revenus dont on peut enrichir le pays en utilisant les eaux qui s'écoulent improductives dans la mer. M. le comte d'Angeville, qui s'est occupé de cette question avec un zèle si éclairé et si persévérant, l'évalue seulement à 216 millions pour 2,160,000 hectares de prairies, dont le produit augmenterait à raison de cent francs par hectare.

Dans quelques états de l'Allemagne, et dans l'Italie supérieure, en Lombardie et en Sardaigne, les irrigations ont produit d'immenses bienfaits : il serait facile d'obtenir en France un semblable résultat en étudiant, en imitant la pratique et la législation de ces pays (Voir le Rapport remarquable et détaillé de M. Mauny de Mornay, Inspecteur de l'agriculture, sur la pratique et la législation des irrigations dans quelques états de l'Allemagne et dans

*puisse (1), moyennant indemnité, appuyer un barrage sur
la rive opposée ;*

*2° Que le gouvernement fasse exécuter les études topogra-
phiques et législatives propres à mettre les eaux du pays à la
disposition de l'agriculture et à faciliter les associations de
propriétaires pour les irrigations ;*

3° Que dans les travaux de canalisation (2), qu'il y aurait

l'Italie supérieure. Voir aussi l'ouvrage de Jacques Giovanelli sur
le régime des eaux, récemment publié en France par les soins du
gouvernement).

(1) Le droit que cette proposition a pour objet de réclamer est
connu dans les contrées où le système des irrigations est développé
sous le nom de *droit d'appui*. Il paraît le complément nécessaire
de la loi du 29 août 1845 sur les irrigations. — En 1845, les conseils généraux de département ont été consultés par M. le ministre
de l'agriculture et du commerce. Soixante se sont prononcés en
faveur du *droit d'appui*; six ont émis une opinion contraire;
vingt ne se sont pas expliqués.

(2) Déjà le gouvernement est entré dans cette voie. En 1845, il
avait présenté, et les Chambres viennent de voter cette année, un
projet de loi relatif à la conservation et à la distribution des eaux
de la Neste. — Il s'agit de réunir dans des bassins immenses,
creusés sur le plateau de *Lannemezan*, les eaux qui descendent
des sommets des Pyrénées par la Neste et l'Arros, et de les diriger
ensuite dans les vallées de la Garonne et de l'Adour, pour ouvrir
des voies navigables nouvelles, pour créer des forces motrices
puissantes et économiques, pour établir un vaste système d'irrigations. — Sans sortir des limites du projet qui est susceptible de
recevoir plus tard une plus grande extension, l'irrigation pourra
s'étendre sur 50,000 hectares de terres.

Des travaux analogues pourraient être entrepris utilement dans
d'autres localités.

Dans le département des Deux-Sèvres, le projet si instamment *lieu d'entreprendre, l'administration ne perde pas de vue les prises d'eau dont l'agriculture peut avoir besoin ;*

4° Qu'il soit fondé un cours d'application des eaux aux usages agricoles ;

5° Que les formalités exigées pour l'obtention des autorisations de prises d'eau soient simplifiées (1) et abrégées ;

6° Que l'administration veuille bien se préoccuper des conflits de juridiction qui s'élèvent journellement entre les tribunaux ordinaires et l'administration relativement aux cours d'eau et des effets désastreux qui en résultent pour l'agriculture et principalement pour les travaux d'irrigation.

§ 2ᵐᵉ. — REGIME DES EAUX.

1° Que le gouvernement veuille bien faire procéder à des études d'ensemble sur tous les grands cours d'eau du royaume, afin d'établir d'une manière uniforme le régime de chacun d'eux ; qu'il recommande aux administrations départementales la stricte exécution des lois sur le libre cours des eaux ; qu'il prépare enfin des mesures législatives concernant l'endiguement et le barrage des rivières, surtout des grands fleuves, dans le double but de prévenir les désastres causés par les

réclamé de la canalisation de la Sèvre jusqu'à Marans, devra avoir pour objet, non-seulement l'amélioration de la navigation, mais le desséchement de vastes marais aujourd'hui improductifs et malsains, l'emploi des eaux surabondantes pour un arrosement régulier et sagement calculé. — Il y a là un triple intérêt à satisfaire : espérons qu'il fixera enfin la sollicitude du gouvernement.

(1) Toutefois, il est important de maintenir toutes les garanties nécessaires pour assurer et conserver les *droits-acquis* des propriétaires de terrains déjà irrigués, et des propriétaires d'usines et de moulins régulièrement établis.

inondations, et de réserver pour l'arrosement, le trop plein des eaux ;

2° Que les anciens réglements et arrêts locaux, relatifs au curage des rivières, en vigueur aux termes de la loi du 14 Floréal an XI, soient recueillis dans tous les départements pour être mis en harmonie avec notre législation actuelle ; que jusque là l'administration tienne la main à leur stricte observation dans les localités ;

3° Que la loi du 16 septembre 1807, sur le desséchement (1) des marais, soit modifiée de manière à rendre les opérations de desséchement plus faciles et plus promptes, et surtout à favoriser les associations de propriétaires qui voudraient se charger eux mêmes de l'assainissement des marais.

(1) Depuis bien longtemps tous les législateurs ont compris l'utilité du desséchement des marais. Henri IV, Louis XIV, l'Assemblée Constituante, l'Empereur s'en sont successivement occupé ; et cependant soit vices des différentes législations, soit obstacle ou inertie de la part des propriétaires, soit difficultés naturelles, il restait encore près de 420 mille hectares de marais à dessécher en 1817 ; depuis les desséchements ont été peu nombreux. — Si on évalue seulement à 400 mille hectares les marais restant aujourd'hui et qu'on porte à 50 fr. le revenu que chacun d'eux pourrait donner après sa mise en culture on arrive à un produit de 20 millions par année dont il serait possible d'enrichir le pays. La plupart des marais sont d'ailleurs insalubres : leur assainissement n'est pas seulement une question d'argent, c'est une question d'humanité. — Différentes propositions faites à ce sujet à la Chambre des Députés, en 1833, 1834, 1835 furent l'objet de rapports et ne furent pas discutées. En 1839 le Ministère des Travaux Publics chargea une commission composée d'hommes spéciaux de préparer un projet de loi ; mais il n'y fut donné aucune suite. Il est temps que cette question importante soit reprise et résolue, soit par le gouvernement, soit par l'initiative parlementaire.

Tarifs des Chemins de fer en ce qui concerne les matières agricoles.

La commission propose (1) au Congrès d'émettre le vœu :

(1) Pour faire apprécier le sens et la portée de ces propositions, il me paraît nécessaire de donner quelques renseignements sur les tarifs des chemins de fer.

Les lois portant concession à des compagnies ont déterminé les tarifs du prix de transport des marchandises et des voyageurs.

Les marchandises ont été divisées en trois classes et le prix de transport a été réglé pour chaque classe par *tonne* (la tonne représente un poids de 1000 kilogrames) et par kilomètre parcouru.

Pour les lignes de Paris à Rouen et de Paris à Orléans les prix avaient été fixés, pour les trois classes, à 0 fr. 20 c., 0 fr. 18 c., 0 fr. 16 c. Mais depuis on a reconnu qu'ils étaient trop élevés et pour les chemins de fer de Paris à Lyon, à la frontière Belge, à Strasbourg, d'Orléans à Bordeaux, à Nantes ils ont été abaissés à 0 f. 18 c., 0 fr. 16 c., 0 fr. 14 c.

Une disposition générale reproduite dans tous les cahiers de charge porte que les marchandises qui ne sont pas désignées dans les classifications sont rangées dans la classe avec laquelle elles ont le plus d'analogie.

En dehors des 3 classes ci-dessus indiquées, une classe spéciale a été établie, au droit de 0 fr. 10 c. pour les houilles, marnes, fumiers, engrais et cendres.

Les convois de marchandises ont une vitesse moindre que les convois de voyageurs et on a tenu compte de cette circonstance pour la fixation des tarifs. On a donc dû établir un tarif particulier pour les huîtres et les poissons frais, dont le transport exige la vitesse des convois de voyageurs, mais qui par d'autres motifs devaient être soumis à un droit peu élevé. Ce droit a été fixé à 0 fr. 50 c.

1° *Que dans les tarifs des nouvelles concessions de chemins de fer, les vins, vinaigres et boissons, (les spiritueux excepté) soient reportés de la première à la deuxième classe ;*

2° *Que les blés, grains, farines, bois à bruler descendent de la deuxième classe à la troisième ;*

3° *Que les sels marins ou de mine, autres que les sels raffinés, soient compris dans la catégorie des houilles, engrais et amendements ;*

4° *Que les terres, sables, cailloux et matériaux pour la construction et la réparation des chemins (autres que les pavés, pierres et briques nécessaires aux ouvrages d'art) soient compris dans la même catégorie ;*

5° *Que le droit pour les objets de cette dernière catégorie soit abaissé de 0 fr. 10 c. à 0 fr. 8 c., par tonne et par kilom.;*

6° *Que la viande dite à la cheville ou à la main rentre dans la première classe du tarif pour la circulation à petite vitesse, et dans la catégorie des huîtres et poissons frais pour le transport à la vitesse des voyageurs ;*

7° *Que le gouvernement use (1) de toute son influence auprès des compagnies concessionnaires pour obtenir que les tarifs en vigueur soient remaniés dans le sens indiqué ;*

8° *Qu'il soit pourvu, par une police sévère et notamment en attribuant à MM. les Commissaires royaux une autorité suffisante et nettement définie, à l'exécution des dispositions stipulant que la perception aura lieu par kilomètre réellement*

______

(1) Le cahier des charges annexé à la loi portant concession d'un chemin de fer est un véritable contrat synallagmatique entre l'Etat et la compagnie concessionaire. L'une des deux parties contractantes ne peut y faire aucune modification, sans le consentement de l'autre. Le gouvernement n'a donc pas le droit d'imposer à une compagnie un abaissement de tarifs; il ne peut qu'user de son influence pour l'amener à y consentir.

*parcouru, et généralement des réglements concernant le trans-
port des marchandises.*

Je ne présenterais qu'un tableau incomplet des
travaux du Congrès, si je n'ajoutais qu'indépendamment des questions indiquées au programme,
une commission, dite *commission des vœux* (1), fut
chargée d'examiner différentes demandes adressées
par des sociétés d'agriculture et des comices. Le
nombre en était trop considérable pour que toutes
pussent être l'objet d'une discussion : elle a dû
choisir celles qui lui ont paru plus importantes ou
d'un intérêt plus urgent, et elle a pu mettre ainsi
le Congrès à même de se prononcer sur la réduction de la taxe du sel, sur la police rurale, le
glanage, la médecine vétérinaire et les abus du
vinage.

Quelques mots seulement sur chacune de ces
questions.

(1) Je faisais partie de cette commission qui voulut bien me charger de présenter au Congrès un rapport sur les abus du vinage dont
il va être parlé, et un rapport sur les moyens de développer la
culture de la pomme de terre, en levant les obstacles qui empê-
chent aujourd'hui le propriétaire de distiller le produit de sa récolte.

Cette dernière question a été renvoyée à la session prochaine,
ainsi qu'un travail très complet de M. Terray, conseiller à la cour de
Paris, sur les moyens de prévenir le morcellement indéfini de la
propriété.

Réduction de la taxe du sel.

Il serait superflu de rappeler ici les considérations nombreuses et puissantes sur lesquelles on se fonde pour réclamer la réduction de la taxe du sel, tout à la fois dans l'intérêt des classes pauvres et dans l'intérêt de l'agriculture qui peut faire du sel l'emploi le plus utile, soit pour la nourriture des bestiaux, soit pour l'amendement des terres. Le Congrès renouvelant à cet égard un vœu déjà émis dans la session de 1845, s'est de nouveau prononcé pour l'urgence et l'utilité de cette réduction.

Police rurale.

Des plaintes s'élèvent sur l'insuffisance et la faiblesse de la police rurale. Dans l'intérêt des campagnes et des récoltes on demande une organisation meilleure des gardes-champêtres ; on insiste surtout pour qu'ils reçoivent un traitement plus élevé qui permette d'exiger d'eux un service plus actif et pour qu'ils soient soumis à la surveillance d'un brigadier placé au chef-lieu de chaque canton. Mais comment arriver à l'augmentation du traitement quand les communes peuvent à peine faire face aux dépenses nombreuses qui sont déjà à leur charge ? Par quelle combinaison arriver à l'*embrigadement* des gardes champêtres, c'est-à-dire à leur surveillance par une autorité hiérarchique

sans compromettre et restreindre l'autorité muni-
cipale dont ils dépendent aujourd'hui. Sans entrer
dans l'examen des moyens qui devront être adop-
tés, le Congrès s'est borné à demander que le
Gouvernement s'occupât d'organiser une police rurale plus efficace.

Glanage. — Ratelage. — Grapillage.

L'Assemblée nationale, par l'article 21 du décret
du 28 septembre 1791, a maintenu l'usage du glanage, du ratelage et du grapillage après l'enlèvement
des récoltes. Mais, s'il est juste de ne pas refuser au
pauvre ces épis tombés dans le sillon que lui attri-
buent les plus anciennes traditions de l'histoire sa-
crée, il faut du moins empêcher que le glanage ne
devienne une espèce d'industrie organisée. Il doit
être le privilège exclusif de l'infirme, du vieillard
et de l'enfant : il ne doit pas détourner les personnes
valides de trouver dans un travail plus profitable à
tous, les ressources qui leur sont nécessaires. Il
faut maintenir l'usage et empêcher l'abus. Le Congrès a émis le vœu que des mesures fussent prises
pour obtenir ce résultat.

Médecine vétérinaire.

On se plaint avec raison dans les campagnes que
les artistes vétérinaires ne soient pas assez nombreux ; que l'exercice de cet art ne soit pas toujours

confié à des hommes suffisamment instruits et dont un diplôme officiel garantisse la capacité.

Trois écoles vétérinaires seulement sont aujourd'hui organisées, à Alfort, à Lyon et à Toulouse ; elle ne peuvent satisfaire à tous les besoins. Il serait utile d'en créer de nouvelles pour les provinces de l'est et de l'ouest : on devrait y rendre l'instruction plus complète et plus pratique, quant aux maladies des animaux des races ovine et bovine, et en même temps y enseigner l'hygiène, l'éducation et le traitement des différentes races de bestiaux.

Mais il ne suffit pas d'ouvrir des écoles : il faut que les élèves y viennent et qu'ils soient excités à la persévérance et au travail par la perspective d'une carrière avantageuse. Il faut qu'après avoir complété leurs études et obtenu un brevet, ils soient assurés que la loi les protégera contre la concurrence, quelquefois peu loyale, d'empiriques qui abusent trop souvent de la bonne foi et du peu d'expérience des cultivateurs. Aussi, en demandant la création d'écoles nouvelles, le Congrès exprime le vœu que l'exercice de la médecine vétérinaire soit interdit à ceux qui n'auront pas de diplôme, toutes les fois qu'un artiste, régulièrement breveté, sera établi à moins d'un myriamètre.

Abus du Vinage.

Une loi du 24 juin 1824 permet d'ajouter aux vins une proportion déterminée d'alcool. Les esprits

et eaux-de-vie ainsi employés sont affranchis de tous
droits. Cette opération, qui constitue ce qu'on appelle le *vinage des vins*, est nécessaire pour certains
vins, et notamment pour ceux du Bas-Languedoc,
qui ne peuvent être transportés sans se décomposer
complètement, à moins qu'on ne leur ait ajouté une
certaine quantité d'alcool.

Mais le *vinage* a donné lieu à des fraudes nombreuses. Il est difficile aux employés de la régie de
s'assurer que la proportion d'alcool indiquée par la
loi n'est pas dépassée : les fraudeurs en profitent
pour charger leurs vins d'une plus grande quantité
d'alcool qu'ils soustraient ainsi au paiement des
droits. Ces fraudes sont contraires aux intérêts du
Trésor et des villes à octroi, comme à ceux du producteur honnête et du commerçant loyal qui res-
pectent les prescriptions de la loi.

Le Congrès a émis le vœu que le gouvernement
fît rechercher les moyens de prévenir ces abus, et
que l'article 7 de la loi du 24 juin 1824 fût modifié
en ce sens.

Encouragements à l'Agriculture.

Enfin, sur la proposition d'un de ses membres,
le Congrès, sans discussion et à l'unanimité, a ex-
primé le vœu que, pour venir en aide aux sociétés
d'agriculture et aux comices, des *allocations nouvelles et suffisantes vinssent mettre le budget de l'a-*

griculture en harmonie avec l'importance et la dignité des intérêts qu'il doit protéger et servir.

Avant de se séparer le Congrès a du nommer, par voie d'élection, la commission d'organisation qui publiera ses procès-verbaux et préparera la session de 1847.

Il a choisi parmi ses membres : MM. le duc DECAZES, de TRACY, de GASPARIN, DUPIN aîné, FOUQUIER-D'HEROUEL, DARBLAY, POMMIER, de TOCQUEVILLE, BARILLON, de KERGORLAY, de VOGUÉ, PAYEN, CHASLE, de CAUMONT, d'ESTERNO, LEMAIRE, de TORCY, LEFOUR. d'HAVRINCOURT, de LAUSSAT, MOLL, DEZEIMERIS, de ROMANET, de LIANCOURT, ELISÉE LEFÈVRE.

Je cite à dessein tous ces noms : ils me paraissent la preuve la plus incontestable de l'importance du Congrès et de ses titres à la confiance publique. Quand on voit les plus hauts fonctionnaires de l'Etat comme M. Decazes et M. Dupin aîné, les membres de nos assemblées délibérantes les plus connus par leur dévouement à l'agriculture comme M. de Gasparin et M. de Tracy, des savants comme MM. Payen et Moll, placés à la tête d'une association libre on peut être certain qu'il s'agit d'un but utile et que ce but sera poursuivi avec la persévérance, la fermeté et la modération qui dans toutes les affaires sont la meilleure garantie du succès.

Le Congrès est donc une institution sérieuse et

durable. On peut dire de lui ce que M. le ministre de l'instruction publique disait du Congrès des médecins le 14 novembre 1845 « qu'il a été un fait » considérable ; que ce fait nouveau a réussi, que » ce fait considérable n'a produit que des résultats » utiles à la société. » Une réunion semblable n'eut pas été possible dans tous les temps et sous tous les gouvernements. C'est un honneur pour notre époque ; c'est un des bienfaits de nos institutions libérales que cette facilité donnée à tous les intérêts légitimes de se rendre compte à eux-mêmes de ce qu'ils ont le droit de demander à l'État, d'en délibérer publiquement, et d'exposer leurs vœux sans exagération mais sans crainte, aux pouvoirs publics qui doivent seuls en rester juges et auxquels il appartient de les réaliser.

J'arrive au terme de la tâche que je me suis imposée. Placé entre le comice de Melle et le Congrès qui réunissait les lumières de la science et l'expérience de la pratique, j'ai pensé que je pourrais être entr'eux un utile intermédiaire. M'effaçant moi-même, j'ai cherché à répandre les pensées du Congrès, à faire, pour ainsi dire, assister à ses séances chacun de ceux qui m'y ont envoyé. Heureux si je puis leur témoigner ainsi tout mon dévouement pour les intérêts agricoles dont ils s'occupent avec tant de zèle et de succès !